ICS 03.080.01
CCS C 04

团　　体　　标　　准

T/CARD 012—2021

儿童应用行为分析服务规范

Specification for applied behavior analysis service for children

2021-12-17 发布　　2022-01-01 实施

中国残疾人康复协会　　发 布

目　次

前言 …… Ⅰ
1　范围 …… 1
2　规范性引用文件 …… 1
3　术语和定义 …… 1
4　总体目标和原则 …… 2
　4.1　总体目标 …… 2
　4.2　原则 …… 2
5　服务流程 …… 3
6　服务内容和要求 …… 4
　6.1　建立档案 …… 4
　6.2　能力及行为评估 …… 4
　6.3　制定计划 …… 4
　6.4　实施计划 …… 5
　6.5　再次评估 …… 6
　6.6　转介 …… 7
7　服务条件 …… 7
　7.1　机构基本条件 …… 7
　7.2　人员条件 …… 7
　7.3　服务场所应具备的功能 …… 7
8　服务评价与改进 …… 8
　8.1　服务评价 …… 8
　8.2　服务改进 …… 8
参考文献 …… 9

图1　儿童 ABA 服务流程图 …… 3

前　言

本文件按照 GB/T 1.1—2020《标准化工作导则　第 1 部分：标准化文件的结构和起草规则》的规定起草。

请注意本文件的某些内容可能涉及专利。本文件的发布机构不承担识别这些专利的责任。

本文件由中国残疾人康复协会提出并归口。

本文件起草单位：中国残疾人康复协会应用行为分析专业委员会、北京大学第六医院。

本文件主要起草人：郭延庆、张苗苗、张萱、朱璟、林凡裕、杜林。

儿童应用行为分析服务规范

1 范围

本文件确立了儿童应用行为分析服务的总体目标和原则，描述了服务流程，规定了服务内容和要求、服务条件以及服务评价与改进。

本文件适用于为儿童提供应用行为分析服务的相关机构和人员。

2 规范性引用文件

下列文件中的内容通过文中的规范性引用而构成本文件必不可少的条款。其中，注日期的引用文件，仅该日期对应的版本适用于本文件；不注日期的引用文件，其最新版本（包括所有的修改单）适用于本文件。

GB 50763 无障碍设计规范

T/CARD 001 孤独症儿童康复服务

3 术语和定义

T/CARD 001 界定的以及下列术语和定义适用于本文件。

3.1

应用行为分析 applied behavior analysis；ABA

为产生有意义的人类行为的改变，对社会及其他环境因素的变化进行的分析、设计、实施和评估，包括对环境与行为之间关系的直接观察、测量和功能分析。

3.2

离散单元教学 discrete trial teaching；DTT

建立刺激与反应之间的联系，包括开始、反应和反馈三个部分，适用于任何与学习有关的场景。

3.3

自然情境教学 natural environment teaching

基于应用行为分析原理的干预方法，在自然环境中结合儿童的动机和兴趣，融入教学目标的教学方法。

3.4

早期密集干预 early intensive behavioral intervention；EIBI

基于应用行为分析，以全面提高儿童对社会的适应能力为目标而进行的每周 25 h ～ 40 h 系统的密集综合干预。

3.5

替代行为 alternative behavior

使用适当的行为以适当的方式满足相同的需求，从而使合适行为代替问题行为的活动。

3.6

泛化 generalization

相关行为在不同的、没有经过训练的情况下发生的能力。

注：没有经过训练的情况包括不同对象、不同环境等。

3.7

功能行为评估 functional behavior assessment

以改善个体行为问题为目的，其结果用来指导介入策略的选择及干预计划的制定，以减少问题行为并促进合适行为的专业评价分析。

3.8

社会意义 social significance

社交、语言、教育、日常生活、自我照顾、职业休闲等能够改善儿童生活经验，并影响他们身边的重要关系人（如父母、教师、同学），使他们能给予儿童更多积极正向反馈的行为。

4 总体目标和原则

4.1 总体目标

4.1.1 对于儿童

针对儿童，开展儿童 ABA 服务的目标：

a） 提高儿童具有社会意义的行为技能，最大限度实现社会功能；

b） 提高儿童具有社会意义行为的参与度和社会融合度；

c） 强化儿童掌握的技能，并在今后的发展阶段充分应用；

d） 培养儿童自理和自立能力，全面促进其生活质量的提高。

4.1.2 对于家庭

针对家庭，开展儿童 ABA 服务的目标：

a） 提高家庭的认知度和参与度，保持并提升行为障碍儿童的康复效果；

b） 发挥家庭在服务中不可替代的作用，提高其处理儿童行为障碍问题的能力；

c） 营造良好的家庭环境，以积极乐观的态度面对儿童的行为障碍问题。

4.1.3 对于社会

针对社会，开展儿童 ABA 服务的目标：

a） 提高社会对不同程度行为障碍儿童的包容度和理解度；

b） 通过有效的服务，减少未来的社会隐患，增加儿童重返社会、创造价值的机会；

c） 推动相关领域多学科的协作和科学研究，提高专业化、规范化服务的能力和水平。

4.2 原则

4.2.1 目标性原则

以改善儿童社会行为，促进其全面、平等参与社会活动，提高其生活质量为目标。

4.2.2 融合性原则

通过在不同的环境中促进儿童掌握技能的泛化及技能的维持，帮助儿童更好地融合到日常学习、生活中。

4.2.3 持续性原则

重视培养儿童生活中有“社会意义”的行为技能，持续关注随儿童成长不断变化的行为支持需求。

4.2.4 核心原则

以应用行为分析为基础，掌握、分析儿童最突出的行为障碍问题，以提升儿童的社交能力、锻炼儿童的生存技能、培养儿童的沟通能力及言语发展为核心开展服务。

4.2.5 个别化原则

关注儿童发展的各个阶段，遵循儿童发展的一般规律，结合儿童及其家庭的实际需求，提供适合个体的有针对性的服务。

5 服务流程

5.1 接受干预的儿童进入专业机构后，应按图1所示流程开展服务。

5.2 应按第6章开展服务，并填写各阶段相应记录。

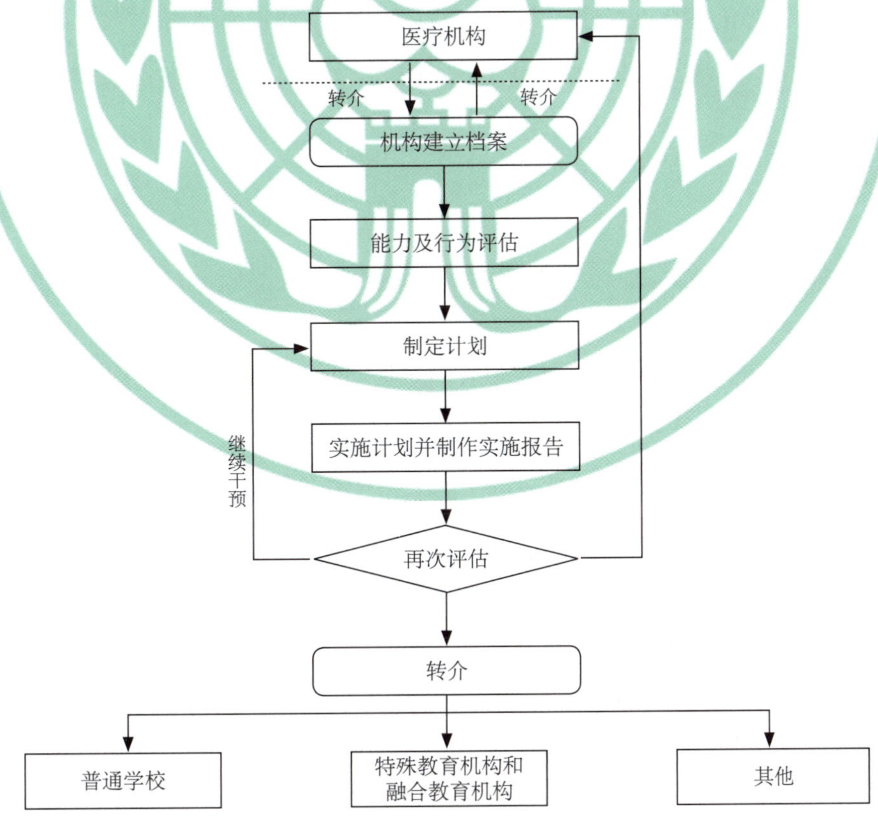

图1 儿童ABA服务流程图

6 服务内容和要求

6.1 建立档案

6.1.1 机构应为每名接诊儿童建立完整的电子档案，并以纸质形式备案。

6.1.2 档案应包括但不限于下列内容：

a） 儿童基本信息；

b） 医学诊断证明（如适用）；

c） 评估记录，包括技能评估记录和功能性行为评估记录；

d） 干预计划，包括干预方案、干预周期、预期结果、数据记录；

e） 训练数据记录，以及在儿童家长或监护人签字授权下所拍摄的儿童训练录像；

f） 实施报告（定期整理，至少3个月一次）；

g） 后续评估记录（半年至1年内对儿童再次进行评估）；

h） 后续转介记录。

6.2 能力及行为评估

6.2.1 评估工作应由项目督导者或项目主要执行者进行，评估过程中评估人员应不少于2人。

6.2.2 在服务全过程中应持续进行系统客观的评估和数据分析，并根据数据作出决定。

6.2.3 应根据儿童需要选择评估方式，主要包括：

a） 技能评估：包括但不限于语言、社交、学习、游戏及功能性技能；

b） 功能行为评估：对于具有挑战性行为的儿童，应进行功能行为评估。

6.2.4 应选择国内、国际常用评估工具，如语言行为里程碑评估及安置计划（VB-MAPP）及孤独症儿童心理教育评核（PEP-3）等。

6.2.5 评估后应形成评估结果报告，报告包括但不限于下列内容：

a） 儿童年龄；

b） 儿童基本状况介绍；

c） 儿童评估项目图表及分析；

d） 后续干预建议。

6.2.6 应允许儿童家长或监护人参与评估过程，并与家长或监护人交流评估结果。

6.3 制定计划

6.3.1 计划内容

6.3.1.1 选择服务对象的目标行为，并进行相应的基线数据收集和分析，根据数据分析和评估结果制定ABA干预计划。

6.3.1.2 干预计划应包括以下内容：

a） 干预方案，包括服务模式、服务具体内容、干预环境、达标要求等；

b） 干预时长和干预周期；

c） 干预所需行为分析师数量与等级；

d） 干预结果预期。

6.3.2 干预周期与时长

6.3.2.1 应根据儿童的具体情况及需要与服务提供形式来确定干预周期。针对性的ABA干预周期一般在2～6个月；综合性的ABA干预周期较长。

6.3.2.2 针对性的ABA干预应根据儿童的情况与需要每周进行机构、家庭相结合的10 h～25 h干预。

6.3.2.3 综合性的ABA干预应根据儿童的情况与需要每周进行机构、家庭相结合的30 h～40 h干预。针对年龄小的儿童，可从少于目标时长开始，逐渐增加至达到目标时长。

6.3.3 服务模式

6.3.3.1 针对性的ABA干预

6.3.3.1.1 应针对儿童有限的关键技能（社交或者语言）进行干预，或者优先干预其存在的突出问题行为。针对性的ABA干预包括增加社会适应性行为，或者减少问题行为。

6.3.3.1.2 干预时针对问题行为的减少，应增加符合问题行为功能的替代行为，避免恰当替代行为的缺失直接导致不恰当行为的发生。

6.3.3.1.3 针对性的ABA干预可应用但不限于以下情况：

a） 建立指令跟从能力；
b） 建立社交沟通能力；
c） 对就医过程的配合；
d） 培养自理能力；
e） 建立独立休闲能力；
f） 自伤行为的干预；
g） 攻击行为的干预；
h） 进食困难问题的干预。

6.3.3.2 综合性的ABA干预

6.3.3.2.1 应在儿童认知、沟通、社交、情绪、运动技能、适应能力等方面予以综合性支持干预服务。

6.3.3.2.2 应根据儿童的能力和需要提供综合性的ABA早期密集干预模式，一对一进行干预，通过随后的定期评估逐步减少一对一干预的时间，增加小组干预服务。

6.3.3.2.3 干预应结合结构性的离散单元教学及自然情境教学，让儿童逐步融入日常生活和学习中。

6.4 实施计划

6.4.1 实施侧重点

6.4.1.1 沟通能力

应培养儿童使用口语、手语或图片等沟通方式表达自己的要求或回应他人的要求；提升儿童的理解和表达词汇量；培养儿童正确使用语法的能力。

6.4.1.2 社交能力

应培养儿童与他人建立和维持关系、建立共同关注、懂得轮流概念以及具备休闲所需的基础技能。

6.4.1.3 生活能力

应提高儿童个人卫生自理能力、家务劳动能力以及运动能力。

6.4.1.4 行为管理及情绪控制

应确定影响儿童安全与健康、学习与专注的问题行为，例如攻击行为、破坏行为、自伤行为等，并制定行为管理方案。

6.4.2 家长或监护人协作

6.4.2.1 家长或监护人沟通

6.4.2.1.1 在计划的制定和项目设计过程中，儿童应用行为分析人员应使用通俗的语言向家长或监护人讲解计划和项目所涉及的专业术语并回答疑问。

6.4.2.1.2 应每月至少与家长或监护人就计划和项目进度沟通一次，协助其熟知计划的目的、项目的进度及需要进行的配合。

6.4.2.1.3 如需加入行为矫正计划，特别是增加基于惩罚的项目，应与家长或监护人及时沟通，在征得其同意并于计划书上签字后方可实施。

6.4.2.2 培训家长

6.4.2.2.1 在提供 ABA 服务的过程中应有家长或监护人参与。

6.4.2.2.2 学龄前儿童的 ABA 服务应包含针对性的家长或监护人居家培训和支持服务。

6.4.2.2.3 对家长或监护人进行相关的专业培训主要包括以下内容：

a） ABA 的基本知识；

b） 如何执行干预计划（观察、学习及实操）；

c） 如何就干预计划的实施情况进行反馈；

d） 如何记录干预计划所需要的数据；

e） 如何就儿童已掌握的技能进行泛化。

6.4.3 实施报告

6.4.3.1 应根据儿童的评估结果及干预计划安排干预课程。计划实施过程中，应至少每 3 个月撰写一次实施报告。

6.4.3.2 实施报告应包括但不限于下列内容：

a） 上阶段计划实施情况；

b） 近期评估结果；

c） 下阶段干预计划目标；

d） 具体干预项目及内容；

e） 所采用的干预技术；

f） 预计儿童完成情况。

6.5 再次评估

6.5.1 在制定计划并对儿童实施干预后，应根据干预情况定期进行持续评估，并应在半年至一年内对儿童的能力及发展状况做出再次评估，并撰写评估报告。

6.5.2 根据评估报告，如需继续实施 ABA 服务，应及时调整和实施干预计划。

6.5.3 根据评估报告和实际需求，如服务对象年龄或康复情况超过服务机构的专业范围，应与家长或监护人沟通交流，并提供相关转介建议。

6.6 转介

转介方向为普通学校、特殊教育机构、融合教育机构或回归家庭。

7 服务条件

7.1 机构基本条件

7.1.1 机构应具有独立法人资质，可由自然人、法人依法申请设立。

7.1.2 机构应具有相对独立、固定、能满足开展服务所需的场所。

7.1.3 机构场所应符合国家相关安全规定及 GB 50763（如适用）的相应要求。

7.1.4 机构应配置符合国家安全标准的基础设备及玩具、教具等。机构内功能分区应涵盖个别干预教室、集体教室、评估教室、档案室及可用的活动场地等。

7.2 人员条件

7.2.1 应包括业务管理人员和专业人员。业务管理人员负责业务管理和统筹协调工作；专业人员应具有应用行为分析专业技能证书。

7.2.2 专业人员应根据服务儿童数量配备，按照每 20 名～ 40 名全日需要干预的儿童为单位计算，包括但不限于下列人员：

a） 项目督导（高级或以上应用行为分析从业人员）1 名；

b） 项目主要执行 ABA 治疗师（中级或以上应用行为分析从业人员）1 名～ 2 名；

c） 项目配合执行及泛化人员（初级应用行为分析从业人员）多名。

7.3 服务场所应具备的功能

7.3.1 个别干预教室与集体教室

7.3.1.1 个别干预教室与集体教室应配备干预课程评估表、授课计划表及课程记录表。

7.3.1.2 个别干预教室与集体教室应配备干预课程所需的图书、玩具、强化物。

7.3.2 评估教室

7.3.2.1 用于进行儿童各项、各阶段评估，可与其他干预教室共用。

7.3.2.2 应配有各项评估工具、记录用表、评估用桌椅等。

7.3.2.3 环境应整洁舒适，没有分散儿童注意力的事物。

7.3.3 档案室

7.3.3.1 应保存儿童自进入机构起所建立的全部纸制或电子档案，标识明确。

7.3.3.2 应定期补充儿童干预过程中的干预课程评估记录表、授课计划表及课程记录表等资料。

8 服务评价与改进

8.1 服务评价

8.1.1 自我评价

8.1.1.1 机构应建立质量评估体系，对专业人员数量和水平以及教学任务完成情况进行评估。

8.1.1.2 ABA 服务提供方需要在服务的相关性、有效性、效率和价格、持续性及用户满意度这五方面进行自我评价。

8.1.1.3 ABA 服务提供方应通过收集儿童行为在干预前后对比、家长或监护人干预技能的前后对比来进行 8.1.1 所提到的自我评价。

8.1.2 外部评价

8.1.2.1 机构应建立服务反馈机制并定期收集家长或监护人意见，服务质量反馈意见应包括但不限于下列内容：

a） 评估率；
b） 服务档案建立率；
c） 档案和记录撰写合格率；
d） 家长或监护人对服务工作满意率；
e） 3 年重大责任事故发生率；
f） 设备、器材完好率。

8.1.2.2 机构应建立并公示投诉举报渠道，让家长可通过电话、邮箱或网络等途径反映在接受服务过程中遇到的相关问题。

8.2 服务改进

8.2.1 机构应制定专业人员继续教育培训计划并贯彻实施，保证人员持续更新专业知识并提升专业技能。

8.2.2 应根据家长或监护人的反馈意见，及时安排主要执行治疗师与家长或监护人沟通。对于教学过程中存在的问题，应在机构内进行通报，并及时出台解决措施。

参 考 文 献

[1] COOPER O J，HERON E T，HEWARD L W. Applied behavior analysis [M]. 3rd ed. Hoboken：Pearson，2020.

[2] The Council of Autism Service Providers(CASP). Applied behavior analysis treatment of autism spectrum disorder：Practice guidelines for healthcare funders and managers [EB/OL]. https://casproviders.org/asd-guidelines/.

T/CARD 012—2021

图书在版编目（CIP）数据

儿童应用行为分析服务规范 / 中国残疾人康复协会发布 .-- 北京：华夏出版社有限公司，2022.4

ISBN 978-7-5222-0310-2

Ⅰ. ①儿… Ⅱ. ①中… Ⅲ. ①儿童—行为分析—规范—中国 Ⅳ. ①B844.1-65

中国版本图书馆 CIP 数据核字（2022）第 035402 号

儿童应用行为分析服务规范

发　　布　中国残疾人康复协会
责任编辑　张　平　卫清静

出版发行　华夏出版社有限公司
经　　销　新华书店
印　　刷　三河市少明印务有限公司
装　　订　三河市少明印务有限公司
版　　次　2022 年 4 月北京第 1 版
　　　　　2022 年 4 月北京第 1 次印刷
开　　本　880mm × 1230mm　1/16
印　　张　1
字　　数　20 千字
定　　价　22.00 元

华夏出版社有限公司
北京市东城区东直门外香河园北里 4 号（100028）
网址：www.hxph.com.cn　　电话：（010）64618981
若发现本版图书有印装质量问题，请与我社营销中心联系调换。

定价：22.00 元